COLONISATION
DE L'ALGÉRIE
AVEC LE CONCOURS D'UNE
MILICE AGRICOLE

SAINT-DENIS. — TYPOGRAPHIE DE DROUARD.

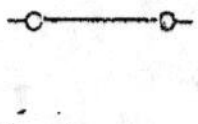

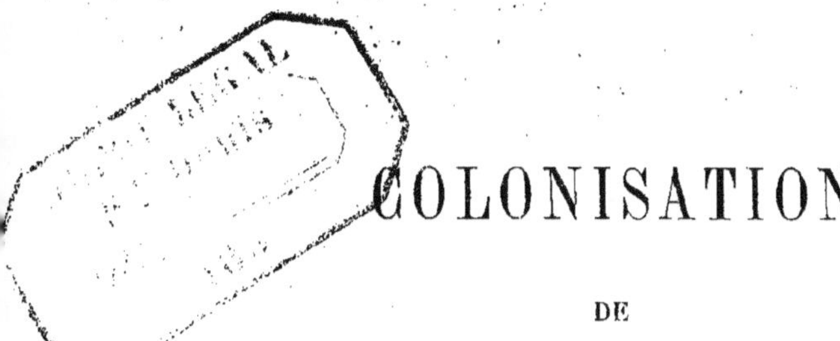

COLONISATION

DE

L'ALGÉRIE

AVEC LE CONCOURS D'UNE

MILICE AGRICOLE

PAR MM.

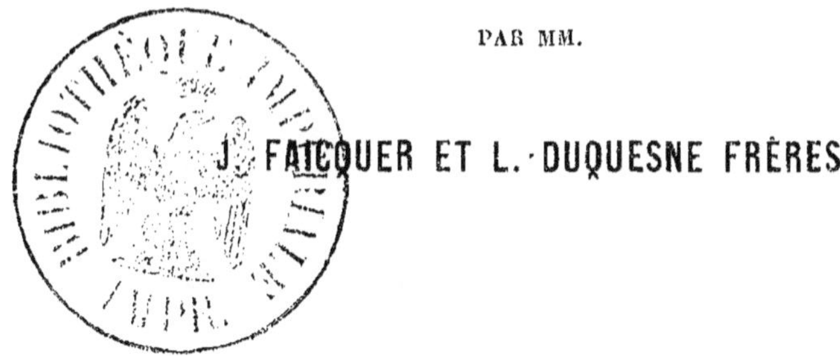

J. FAICQUER ET L. DUQUESNE FRÈRES

PARIS

LEBIGRE-DUQUESNE FRÈRES, ÉDITEURS

16, RUE HAUTEFEUILLE, 16

1858

AVANT-PROPOS

Le projet d'organisation que nous allons traiter a pour but *la Colonisation de l'Algérie*. Nous allons tâcher de faire ressortir nos idées aussi clairement que posssible ; nos efforts seront peut-être vains, comme ceux de bien d'autres, mais c'est un devoir que nous nous imposons et que nous voulons remplir scrupuleusement. Nous réclamerons d'abord pour le style toute l'indulgence de nos lecteurs : qu'ils sachent bien que ce travail est composé de simples idées écrites sans ostentation, sans prétention ni ambition personnelles; nous les mettons à jour, laissant à plus éclairés que nous le soin de les juger sérieusement et d'en apprécier les bases solides et durables.

On verra par les détails de notre organisation que tous les intérêts sont conciliés, qu'ils se rattachent les uns aux autres, et qu'il est nécessaire de les réunir tous pour arriver à ce grand résultat : *La régénération de l'agriculture en France et l'organisation de celle de l'Algérie.*

Fasse le ciel que notre projet soit mis à exécution, si l'on juge qu'il peut procurer à la France le bien-être et l'abondance en prévenant les disettes qui sont pour notre pays de si rudes épreuves ! Que cette belle Algérie devienne un jour le grenier de la France comme la Sicile fut autrefois le grenier de Rome.

On a déjà beaucoup écrit sur le même sujet ; les démonstrations s'appuyaient sur des chiffres qui promettaient beaucoup ; on conseillait telle ou telle culture ; on se basait sur la prospérité d'un village, sur la décadence, et même sur le malheur d'un autre ; nous ne suivrons pas la même marche ; nous négligerons toutes ces appréciations ; le gouvernement, mieux que personne, peut donner sur les différentes cultures des conseils d'une utilité positive en s'éclairant par les comptes rendus qui lui ont été faits sur les résultats des divers essais de colonisation.

Nous n'imposons rien au gouvernement ; nous le laissons juge et appréciateur de notre système ; seulement nous allons démontrer la marche que nous croyons bonne à suivre pour aborder franchement notre organisation, pour sortir de ce tâtonnement, de cette hésitation qui engendrent presque toujours des demi-mesures et trop souvent paralysent les grandes entreprises [1].

[1] Voir les résultats obtenus depuis la conquête tout en ayant fait d'énormes sacrifices.

I

DE L'ALGÉRIE. — SON CLIMAT. — SES PRODUCTIONS.

L'Algérie, située dans la plus chaude moitié de la zone tempérée, doit à cette heureuse position et à son voisinage de la mer un climat extrêmement doux. Avec une population européenne, elle n'aura pas de rivale; on abandonnera le ciel de l'Italie pour le ciel de l'Algérie. Ceux qui n'ont pas visité ses contrées ont sans doute entendu raconter les charmes merveilleux de ce beau climat, soit par des historiens, soit par de simples voyageurs, ou même par nos soldats ; avec quel enthousiasme ils parlent de cette vive et précoce végétation qui démontre la fertilité du sol, de ces fruits délicieux dont la nature a doté ce pays.

De même il n'est personne qui, après l'avoir habité, ne le quitte sans le regretter, et celui qui abandonnera l'Europe pour aller en Afrique pourra dire : J'ai vécu deux fois. » Il faut avoir essuyé son front sous ce beau soleil pour en être bien convaincu, et alors on peut s'écrier avec ceux qui écrivent : Cela est vrai !

L'Algérie, par sa position voisine de la France, semble être naturellement placée sous sa tutelle, elle est appelée à devenir son jardin de délices ; à ce titre la mère-patrie doit lui procurer les secours et les soins que nous réclamons pour elle et qu'exige sa position momentanément précaire.

Elle promet d'être reconnaissante et de rendre au centuple ce que l'on fera pour elle.

En effet, elle peut aisément fournir deux récoltes par année, en céréales de diverses espèces, et avec l'avantage que dans bien des contrées l'engrais n'est pas indispensable. Outre qu'elle possède tout ce que fournit l'Europe, elle produit ou peut produire : tabac, coton, indigo, cochenille, garance, vanille, épices, café, canne à sucre, caroube, dattes, bananes, etc. Nous ne parlerons pas des richesses immenses que contient la chaîne de l'Atlas en mines d'or, d'argent, de mercure, de cuivre, de plomb, etc. ; nous ne décrirons pas ces forêts d'orangers, de citronniers, d'oliviers, de cèdres, de liéges, etc., etc. ; nous voulons nous attacher simplement à l'agriculture.

II

DE LA NÉCESSITÉ DES COLONS EUROPÉENS EN NOMBRE SUFFISANT.

Si nous venons de dire ce que peut l'Algérie, nous ne prétendons pas faire croire qu'il suffise d'aller de son pays en Afrique pour y trouver une fortune toute faite; non pas, il faut au contraire un travail opiniâtre et soutenu pour effectuer le défrichement d'une terre vierge; là plus qu'ailleurs il faut avoir du cœur à l'ouvrage, car la chaleur amollit le courage, si ce courage n'est pas stimulé par un vif intérêt (nous avons prévu cela dans notre organisation). Partout en général la terre ne produit d'elle-même que des fruits sauvages, des herbes et des ronces; il est donc indispensable de la travailler pour en obtenir ce qui est nécessaire à la vie. D'abord il faut des hommes qui aient les mêmes usages, les mêmes besoins, les mêmes mœurs. Voici pourquoi : l'Algérie compte environ trois ou quatre millions d'indigènes ayant à peu près les mêmes usages, les mêmes mœurs, quoique de races différentes. Que fait cette population à notre colonie? presque rien; elle est même à notre point de vue plus nuisible qu'utile en ce qu'elle enfouit notre numéraire, et paralyse ainsi le commerce. Si nous examinons les besoins de toute nature des Arabes qui habitent les campagnes, nous voyons qu'ils ne portent ni pantalons, ni paletots, ni blouses, ni souliers, ni même de chemises; pour tout vêtement, ils s'enveloppent d'un burnous dont le coin leur sert de coiffure; presque tous ces burnous sont fabriqués en famille ou par des marchands indigènes. De plus, l'Arabe ne mange pas les mêmes aliments que nous; il s'abstient de nos vins et de nos liqueurs, par conséquent il ne nous achète rien. Est-il en voyage, il n'entre jamais dans une auberge; si sa course est trop longue et qu'il ne puisse la faire sans manger, il s'arrête en chemin; s'il est à cheval, il fait paître sa monture, lui-même se place sous un olivier, rassemble deux cailloux dont il se fait un foyer, allume du feu, fait son café, et mange son couscoussou dont il se munit toujours avant le départ; le repas de l'un et l'autre terminé, l'Arabe regagne son gîte : voilà sa vie.

Mais si l'indigène ne nous achète rien, il nous vend tout : les céréales de toute nature, les fruits de toute espèce, les légumes, le beurre, le lait, les œufs, l'huile, la laine, les animaux, etc., etc. Il attire donc à lui beaucoup de numéraire qu'il ne nous rend pas par un commerce réciproque. On remarque même que la plupart payent leurs impôts en céréales au lieu d'argent.

Que l'on juge par ces faits de l'immense nécessité d'avoir en Algérie un nombre suffisant de colons européens, c'est-à-dire, nous le répétons, ayant les mêmes usages, les mêmes besoins, et autant que possible les mêmes mœurs. Quel moyen faut-il donc employer pour avoir un nombre suffisant de colons européens? nous le dirons plus tard [1]. Mais, objectera-t-on, que de gens vont dans cette Algérie tant vantée! ceux qui n'y meurent pas en reviennent à bout de ressources, ceux qui y restent ne sont pas heureux. Cette réflexion n'est parfois que trop vraie, mais pourquoi tous ces

[1] Voir l'article *Recrutement des colons*, page 51.

découragements, pourquoi cette misère? C'est que l'œuvre n'a pas été comprise, c'est qu'elle a été mal administrée. En effet, que peut faire une misérable famille se rendant en Afrique? Admettons qu'elle ait deux mille francs d'avance; d'abord elle part souvent avant d'avoir sa concession. Qu'arrive-t-il? le temps se passe et elle a bientôt épuisé une partie de ses ressources. Supposons même qu'elle ait immédiatement cette concession, que peut-elle faire la première année? n'y a-t-il pas là l'immense travail qu'exige le défrichement d'une terre, les frais énormes que cela occasionne? Maintenant le défrichement est fait dans un espace de terre suffisant pour que cette famille puisse récolter les céréales et les légumes nécessaires à sa subsistance. Mais il a fallu du temps pour cela, c'est-à-dire une année environ pour défricher et une saison pour attendre la récolte, ce qui fait à peu près deux ans. De plus, notons bien que cette famille a dû se construire un gîte, se procurer des bestiaux et des instruments aratoires.

Croyez-vous que dans une telle position le moindre revers ne viendra pas jeter le découragement dans le cœur de ces pauvres colons ainsi isolés et ne se sentant soutenus par personne? Disons-le hautement, le résultat de leurs travaux sera une ruine complète, infaillible même. Pour ce genre de colons, l'État n'a pas assez fait. Il est d'autres colons auxquels l'État a manifesté tout son bon vouloir, pour la réussite desquels il n'a reculé devant aucun sacrifice; il a défriché leurs terres, les a nourris pendant un certain laps de temps, leur a donné une maison habitable, des instruments aratoires, des semences, etc., etc.

Pour ceux-ci nous croyons que l'on a trop fait : pourquoi? c'est qu'au lieu d'envoyer des agriculteurs en Algérie, on avait des bijoutiers, des tailleurs, des cordonniers, etc., etc., presque tous gens dont la mollesse reculait devant un travail pénible et qui se reposaient sur la sollicitude de l'État. De tels colons sont le fait d'une mauvaise organisation, et tous les sacrifices que l'on fait pour eux sont entièrement perdus.

Rappelons-nous que pour former une colonie il faut d'abord l'asseoir sur des bases solides et bien conçues, sans quoi l'on ne peut arriver à de bons résultats.

Nous allons démontrer par notre système d'organisation qu'il y a un juste milieu entre les deux extrêmes que nous venons de citer, et que si le gouvernement juge devoir faire quelques avances qui par la suite lui procureront de grands bénéfices, le fameux problème de la colonisation sera infailliblement résolu.

Alors l'Algérie marchera à la tête de l'agriculture comme la France marche à la tête de l'industrie.

Notons bien que le plan que nous proposons, n'arrête pas le cours de la colonisation actuelle, c'est-à-dire que ceux qui voudront exploiter librement, pourront le faire comme par le passé.

III

INTERVENTION DU GOUVERNEMENT.

L'intervention du gouvernement est indispensable pour mener à bonne fin une œuvre aussi importante que la colonisation de l'Algérie. Alors le ministère de la guerre fera exécuter le relevé topographique du sol algérien, il exigera que l'on détermine soigneusement les lieux propres à l'établissement des villages, c'est-à-dire les contrées où l'on trouve (autant que possible) de l'eau, du bois, des terrains propices à l'agriculture, des prairies, des carrières de différents produits, tels que chaux, sable, plâtre, minerais, etc., etc. Il faut que ces villages soient placés de façon à pouvoir facilement communiquer entre eux. Sur le même plan, on indiquera les grandes voies ferrées projetées, les mines, les forêts déjà exploitées ou susceptibles de l'être, en un mot tout ce qui peut intéresser au point de vue de l'industrie, du commerce et de l'agriculture. C'est alors seulement que l'administration embrassera d'un coup d'œil les lieux appelés à devenir des centres, soit à cause de leur situation, soit à cause des richesses qu'ils renferment.

De cette façon on construira des établissements qui, tout en remplissant les besoins du présent, prévoiront ceux de l'avenir. Il est à remarquer que nous n'engageons nullement à établir immédiatement des villages sur tous les points qui seront désignés; le but est d'arriver à pouvoir facilement se rendre compte de tout, afin d'éviter les dépenses inutiles, qui surviennent presque toujours lorsque l'administration n'embrasse pas tout d'abord la grandeur de l'œuvre qu'elle entreprend.

IV

FERMES-MÈRES. — LEUR BUT.

Le gouvernement une fois fixé sur l'endroit propice à établir un village, ferait construire une maison sur le modèle des fermes-écoles, en y ajoutant certaines dépendances dont nous démontrerons la nécessité lorsque nous développerons le système de notre organisation. La dimension de cette maison serait déterminée d'après l'importance que l'on voudrait donner au village ; on lui concéderait une étendue de terrain en rapport avec le nombre d'hommes qui seraient appelés à l'habiter et à la faire valoir.

Nous voudrions que cet établissement fût appelé *ferme-mère;* nous expliquerons plus bas comment ce nom serait parfaitement justifié par les services qu'il rendrait aux colons.

Pour éviter de plus grands frais, ces fermes-mères seraient bâties par le génie et resteraient la propriété de l'État qui, nous l'avons déjà dit, en retirerait un excellent rapport, tout en remplissant un but qui assurerait la pleine et entière réussite de la colonie.

N'oublions pas qu'elle doit être construite, autant que possible, sur un lieu dominant ses terres, de façon à ce qu'elle puisse utiliser ses engrais liquides par irrigations.

Ce point est plus essentiel en Afrique qu'en France, attendu que bien des produits agricoles doivent être forcément arrosés et qu'avec ce système on fume par la même opération.

La ferme-mère cultivera tout ce que peut produire la contrée où elle sera située ; elle aura des semences de toute nature, des animaux de toute espèce, tant pour les labeurs que pour la reproduction.

Elle devra posséder tous les instruments aratoires que fournit l'industrie, tels que moissonneuses, batteuses, faucheuses, etc.

Parlons maintenant de son but qui se résume en trois points bien distincts :

1° Instruire les colons.

2° Leur venir en aide.

3° Produire un bénéfice à l'État.

Comment la ferme-mère instruira-t-elle les colons ? Par la théorie appliquée à la pratique ; et cela sera facile ; on consacrera une séance par semaine à laquelle assisteront librement les habitants de la colonie ; on travaillera sur les dépendances de la ferme, et là, en expérimentant sous leurs yeux, on leur démontrera les avantages de tel moyen employé, les inconvénients de tel autre.

Comment la ferme-mère viendra-t-elle en aide aux colons? En leur fournissant les plans, les semences, les arbustes, dont ils manqueraient; en mettant à leur disposition les instruments aratoires dont ils pourraient avoir momentanément besoin, etc., etc. Nous entendons bien que tout cela serait payé par les colons, mais ce prix serait très-minime puisqu'il devrait simplement suffire à faire rentrer la ferme-mère dans ses frais.

Quant au bénéfice que l'État pourrait retirer des fermes-mères, il est incontestable; les fermes particulières bien exploitées sont toujours d'un excellent rapport pour leurs propriétaire. Est-il donc possible que des établissements de ce genre dirigés par des hommes capables et placés sous la tutelle de l'État, n'arrivent pas certainement à produire de beaux résultats [1]?

[1] Voir à l'article *Soldats agricoles*, la modicité du prix des journées de travail, page 39.

V

MILICE AGRICOLE.

Les fermes-mères étant établies, notre système serait de les faire desservir par une milice agricole. Voici comment nous pensons que devrait être composé le personnel de chacune :

1 Chef.

1 Sous-chef comptable.

1 Aide comptable.

2 Agriculteurs instructeurs.

2 Jardiniers pépiniéristes instructeurs.

1 Tambour.
1 Clairon.
1 Charron.
1 Maréchal.
1 Maçon.
1 Charpentier.
1 Menuisier.
1 Cordonnier.
1 Tailleur.
1 Chaufournier tuilier.
1 Boulanger.
1 Boucher.
1 Cuisinier.
100 Travailleurs *(soldats)*.

Total. 120 Hommes.

Il est inutile de dire quel genre d'homme il faudra choisir pour chef; le gouvernement y pourvoira.

Ce chef étant d'abord militaire, cumulera

tous les emplois; il aura entre les mains toute l'administration civile et militaire, jusqu'à ce que le village ait pris une extension suffisante pour que le gouvernement juge à propos d'y créer une administration civile.

Le sous-chef comptable sera chargé de toute la comptabilité de la ferme-mère.

L'aide comptable sera chargé plus spécialement de la vérification et de l'entretien du matériel, ainsi que du service intérieur de la ferme.

Les quatre instructeurs seront chargés du service extérieur de la ferme et de l'exécution de tous les travaux qu'ils dirigeront en personne [1].

[1] L'école d'Agriculture de Grignon, par exemple, fournirait d'excellents sujets. Les jeunes gens qui en sortent, au lieu de végéter ou de perdre un temps précieux à solliciter et à attendre des places qui souvent ne leur sont pas données; ces jeunes gens, disons-

Le tambour et le clairon étant indispensables comme organisation militaire rempliront les mêmes fonctions que dans un régiment ordinaire.

Quant aux ouvriers d'art, il est facile de se rendre compte de leur utilité.

Les cent soldats travailleurs seront employés à cultiver les terres de la ferme, à bâtir les maisons du village et à venir en aide aux colons. Nous nous étendrons davantage sur les services qu'ils seront appelés à rendre à la colonie [1].

Pour compléter l'organisation de notre milice agricole, nous pensons qu'il devrait y avoir un directeur général sous les ordres duquel seraient deux inspecteurs principaux chargés

nous, s'enrôleraient avec plaisir dans un corps d'armée où ils entreraient immédiatement sous-officiers, et où ils auraient la perspective d'un bel avenir.

[1] Voir l'article *Soldats agricoles*, page 39.

de visiter chaque année toutes les fermes-mères, et de lui rendre compte de la situation de chacune.

VI

SOLDATS AGRICOLES. — LEUR RECRUTEMENT.

Nous venons de parler du chef, du comptable, des instructeurs; il nous reste encore à parler des travailleurs ou soldats agricoles.

Voici comment nous pensons qu'il faudrait procéder pour les recruter : à l'époque de chaque tirage le gouvernement fixerait le nombre d'hommes nécessaires au personnel des fermes-mères, et parmi les conscrits tombés au sort, on désignerait ceux qui devraient faire partie de ce personnel. On aurait un dépôt soit en France, soit en Afrique, où ils seraient envoyés d'abord pour faire leur instruction militaire avant de se rendre dans les fermes-mères.

On choisirait de préférence, pour enrégimenter dans la milice agricole, les jeunes gens déjà habitués aux travaux des champs, on les conserverait ainsi à l'agriculture.

Le gouvernement pourrait aussi recevoir les engagés volontaires qui se présenteraient pour faire partie de la milice agricole, pourvu toutefois qu'ils fussent jugés aptes à y entrer.

Voyons maintenant quelle serait la position des soldats agricoles.

Nous voudrions d'abord qu'ils eussent la même solde que nos régiments de ligne; cette solde leur serait distribuée tous les dimanches matin; de plus on leur tiendrait compte pour leur travail d'une somme de

28 centimes par jour, soit environ 100 fr. par année.

Cet argent resterait à la ferme-mère jusqu'à la fin de l'engagement du soldat agricole, époque à laquelle on lui remettrait les 700 fr. acquis par sept années de service.

Nous croyons qu'une telle organisation serait un puissant mobile pour la colonisation de l'Algérie et qu'elle rendrait infailliblement à l'agriculture des milliers de bras qui lui sont enlevés chaque année.

Pourquoi la milice agricole serait-elle un puissant mobile pour la colonisation de l'Algérie? Il suffit, pour répondre à cette question, d'envisager les services de toute nature qu'elle rendrait aux colons; et d'abord, qui construirait les premières maisons de chaque village? la milice agricole; qui viendrait en aide au colon dans ses premiers travaux de défrichement? la milice agricole; qui maintiendrait l'ordre dans chaque centre ou village, qui défendrait ce village en cas d'attaque? la milice agricole.

En un mot, cette milice agricole, ce régiment de soldats travailleurs serait l'âme de la colonie.

Comment démontrerons-nous maintenant qu'une telle organisation rendrait à l'agriculture un grand nombre de bras que lui enlève l'armée?

Cela est bien simple; én effet, les hommes adonnés à l'agriculture peuvent être divisés en deux classes bien distinctes. L'une dont la position est bonne en général, c'est le fermier qui cultive en grand, qui a des ressources suffisantes pour faire face aux événements, en un mot c'est, si nous pouvons nous servir de cette expression, l'homme établi de l'agriculture. Lorsque arrive pour ses enfants l'époque de la conscription, il peut leur acheter un remplaçant et il le fait toujours, soit parce qu'il préfère les conserver près de lui pour les associer à ses travaux, soit parce qu'il les a voués à une carrière libérale, ce qui arrive souvent.

Nous n'avons donc pas à nous occuper de celui-là.

L'autre, dont la position est généralement précaire, c'est le petit fermier, ou bien encore l'homme salarié qui vit au jour le jour, obligé de nourrir une famille nombreuse, et qui, par conséquent, ne peut économiser la somme nécessaire au remplacement de ses enfants; ils partent donc forcément, ils échangent la pioche et la charrue contre le sabre et le fusil, la blouse contre l'uniforme. Une fois au régiment, ils commencent à s'apercevoir que le travail du soldat est moins dur que celui du laboureur, et que la nourriture est meilleure; ils se disent que monter une garde, faire l'exercice, passer une revue, écouter une théorie, tout cela est moins fatigant que de piocher la terre; ils se rappellent qu'au village ils mangeaient rarement de la viande, tandis qu'ici ils en ont tous les jours.

Lorsqu'ils ont passé sept années au service, ils vont revoir leurs parents, mais ils ne songent pas à reprendre leurs anciens travaux; fi donc! un homme qui a servi la patrie pendant sept ans, n'a-t-il pas une place assurée dans quelque administration du gouvernement? Il n'a qu'à demander, il est sûr d'obtenir. Telle est du moins l'opinion de beaucoup d'entre eux. Alors ils abandonnent le village, ils viennent à la ville, et, après avoir sollicité longtemps, ils arrivent de déceptions en déceptions à se faire palfreniers, cochers, valets de chambre ou manœuvres;

quelques-uns continuent la vie sans-soucis du régiment, et alimentent leur débauche par d'autres produits que ceux du travail.

Nous le répétons, l'organisation d'une milice agricole rendrait tous ces bras à l'agriculture. Avec quel empressement les gens de la campagne engageraient-ils leurs enfants à entrer dans la milice agricole, car ils penseraient avec raison que, tout en payant leur dette à la patrie, ils vont faire un véritable apprentissage du métier qu'ils ont commencé, qu'ils en reviendront avec des connaissances nouvelles et un petit pécule qui leur servira à s'établir.

En effet le jeune homme qui après avoir passé sept ans à continuer le travail auquel il est habitué dès son enfance, après s'y être perfectionné, après avoir appris sous les ordres de chefs éclairés, bien des choses qu'il aurait toujours ignorées, cet homme-là, disons-nous, loin d'abandonner cette carrière, s'y adonnera entièrement. S'il reste en Algérie pour faire partie de la colonie, il travaillera avec cœur parce qu'il connaîtra la richesse du sol qu'il cultive et les moyens d'en tirer le meilleur parti ; les résultats qu'il obtiendra le porteront naturellement à engager quelque membre de sa famille à venir le rejoindre ; en un mot il plaidera en faveur de la colonie.

S'il quitte l'Algérie, il reviendra dans son village, il y rapportera les connaissances qu'il aura acquises ; loin de suivre la vieille routine, il pratiquera comme il aura vu faire à la ferme-mère ; ses voisins voyant les résultats qu'il obtient, prendront modèle sur lui ; voilà donc un homme qui en quelques années pourra opérer de grandes améliorations dans le système agricole, et cela sans rien conseiller, mais seulement par l'exemple qu'il donnera.

VII

VILLAGES. — LEUR CONSTRUCTION.

Supposons les fermes-mères bâties et la milice agricole organisée, il faudra construire les villages.

Nous voudrions, comme nous l'avons dit dans le chapitre précédent, que les soldats agricoles fussent employés à élever les premières maisons de chaque village ; nous ne pensons pas qu'il soit nécessaire de bâtir immédiatement un grand nombre de maisons, non ; les constructions se feraient petit à petit, et au fur à mesure qu'une maison serait habitable on y installerait une famille désignée d'avance pour faire partie de la colonie. (On verra dans l'article qui traite du recrutement des colons, que nous l'avons organisé de façon à pouvoir les diriger sur la colonie lorsqu'on le jugera convenable.)

Il est inutile de dire que ces villages étant tous placés à côté des fermes-mères se trouveront comme elles sur un lieu élevé, afin de jouir des avantages que nous avons déjà mentionnés.

Toutes les maisons seraient bâties sur un plan approuvé par le gouvernement. Nous ferons remarquer, pour terminer ce chapitre, que la construction des villages effectuée petit à petit par la milice agricole ne nécessiterait que quelques avances de l'État; puisque, comme nous allons le dire dans le chapitre suivant, ces maisons seraient payées par les colons qui en prendraient possession.

D'un autre côté les maisons construites par

la milice agricole reviendraient évidemment à un prix moins élevé, que s'il fallait employer des ouvriers salariés : de là, facilité pour l'État de faire jouir le colon de ce bénéfice.

VIII

COLONS. — LEUR RECRUTEMENT.

Il est indispensable, comme nous l'avons déjà dit, d'avoir en Afrique, un nombre suffisant de colons européens, non-seulement pour contre-balancer l'influence indigène, mais encore pour assurer la réussite de la colonie. Or, que faut-il pour attirer ces colons en Algérie et surtout pour les y retenir? Il faut d'abord qu'ils puissent, dès leur arrivée, trouver une habitation convenable, et qu'ils soient certains que le produit de leur travail leur permettra de subvenir à leur besoins. Il faut ensuite, qu'ils voient dans l'avenir une chance certaine d'arriver petit à petit à être propriétaires. Ces deux conditions seraient parfaitement remplies ; en effet l'État livrerait aux colons des maisons construites par la milice agricole ; ces maisons, nous l'avons déjà dit, leur seraient vendues au prix de revient, nous voudrions même qu'on leur donnât pour les payer un temps illimité (pendant lequel, bien entendu, ils tiendraient compte à la ferme-mère d'un intérêt de 5 %). Chaque colon aurait un compte ouvert à la ferme-mère, et serait crédité des petites sommes qu'il déposerait au fur et à mesure de ses versements ; on ajouterait à chaque habitation un nombre d'hectares de terre, proportionné à l'importance de la famille appelée à l'habiter, et le colon n'en deviendrait propriétaire qu'après avoir payé à la ferme-mère ce qu'elle aurait déboursé pour lui ; voilà le stimulant dont nous avons parlé plus haut; de tels colons arrivant en Afrique, cultivant sous les yeux de la ferme-mère, éclairés par ses conseils et son exemple, aidés par elle si cela est nécessaire, encouragés par les premiers résultats qu'ils obtiendront; de tels colons, disons-nous, ne se laisseront pas abattre et travailleront sans relâche pour devenir bientôt propriétaires.

Voici, selon nous, comment il faudrait procéder pour recruter les colons.

Une circulaire du ministère serait affichée dans toutes les communes de France. Cette circulaire expliquerait tous les avantages réservés aux colons, les conditions d'admission, etc., etc. Un livre d'enrôlement serait ouvert dans toutes les mairies et chaque maire serait tenu d'y enregistrer les personnes ou les familles qui voudraient s'engager pour la colonie algérienne; en ayant soin de joindre au dossier de l'enrôlement de chacun, une note concernant l'aptitude, les ressources, la moralité, l'âge, le sexe de l'enrôlé ; les listes d'enrôlement seraient envoyées au ministère qui se baserait sur les notes jointes à chaque dossier pour désigner ceux qui seraient admis à faire partie de la colonie. On publierait ensuite les listes d'admission en prévenant les personnes ou les familles désignées, de se tenir prêtes à partir dans un laps de temps fixé ; c'est alors, comme nous l'avons dit plus haut, qu'on les dirigerait sur la colonie, au fur et à mesure que les habitations se trouveraient construites.

Pour terminer l'article des colons, nous répéterons ce que d'autres ont dit avant nous, à savoir qu'il faudrait autant que possible réunir les parents, les amis, les compatriotes [1]. Comme le dit fort bien M. H. Cauvain dans son livre

[1] C'est là une question importante pour la prospérité des villages.

traitant de la colonisation de l'Algérie, « *le colon se sent plus vaillant au travail quand il entend sa langue nationale, quand il vit au milieu des coutumes et des idées de son enfance, quand il retrouve partout sous un ciel étranger l'image de la patrie absente.*

IX

RÉSUMÉ ET CONCLUSION.

Depuis la conquête de l'Algérie, on a essayé divers moyens d'arriver à sa colonisation, a-t-on réussi entièrement ? Non, nous croyons du moins pouvoir l'affirmer.

Pourquoi tous les systèmes proposés ou mis à exécution ont-ils été infructueux? Parce qu'il ne s'en est pas trouvé un seul sur lequel on puisse se baser pour donner un élan général à l'émigration. Pour arriver à un résultat immédiat, pour que ce résultat ne soit point éphémère, il faut fixer promptement sur le sol algérien une population européenne qui vienne balancer l'influence de la population indigène.

Nous ne sommes point de l'avis de ceux qui pensent ou qui disent que cette population européenne peut aller d'elle-même et petit à petit se fixer en Afrique; l'expérience est là pour prouver le contraire; que de colons partis avec l'espoir au cœur sont revenus accablés par la souffrance et la misère, parce qu'ils ont eu trop de confiance en leurs propres forces! Ne sont-ce pas là autant de gens disposés à diffamer la colonie; ne sont-ce pas autant d'épouvantails pour les autres? Avec nos fermes-mères, avec notre milice agricole, le colon n'est plus livré à lui-même [1].

[1] Nous n'entendons pas pour cela placer forcément le colon sous la dépendance de la ferme-mère, nous voulons, au contraire, lui laisser toute sa liberté; mais il est évident que voyant les résultats obtenus par les

S'il quitte son pays natal, ce n'est plus pour courir la chance de faire fortune ou de revenir misérable, c'est pour aller s'installer dans une contrée nouvelle où il est sûr de trouver aide et protection. Certes, il va livrer à la terre de rudes combats, mais avec de l'énergie, du travail et de la persévérance, il a la certitude d'en sortir vainqueur ; le prix de sa victoire sera la possession d'une maison et de champs plus ou moins vastes selon le plus ou moins de courage qu'il aura déployé dans la lutte.

Les fermes-mères seraient simplement des propriétés de l'État ; elles viendraient en aide aux colons, les protégeraient, les guideraient dans leurs travaux tout en travaillant pour elles-mêmes.

Exploitées par une milice agricole telle que

fermes-mères, le colon suivra naturellement son exemple et profitera de ses conseils.

nous en avons donné l'organisation, c'est-à-dire avec des chefs éclairés, des instructeurs, des ouvriers d'art, elles auraient tous les éléments possibles de prospérité. Elles rapporteraient à l'État un bénéfice d'autant plus grand qu'il ne serait aucunement entamé par les frais immenses qu'entraîne ordinairement la main-d'œuvre en Algérie ; tous les travaux seraient exécutés par la milice agricole ; or cette milice agricole faisant partie de l'armée, aurait la même solde qu'elle, plus une somme de 28 centimes par jour pour chaque homme ; cette somme, qui au bout de sept années constituerait un petit capital à chaque soldat sortant du service, serait encore un encouragement pour lui.

Où trouverait-on des manœuvres à raison de 28 centimes par jour ? Nulle part, cela est certain. On voit donc bien que l'organisation de notre milice agricole serait du plus grand avantage pour l'État, tout en assurant la réussite de la Colonie. On a pu se convaincre par les détails que nous avons précédemment donnés, que cette milice agricole serait encore un moyen certain d'arriver à la régénération de l'agriculture en France, puisque l'enfant du cultivateur, enlevé à sa famille par la conscription, pourrait payer sa dette à la patrie, non-seulement sans changer la nature de ses premiers travaux, mais encore en s'y perfectionnant beaucoup sous les ordres de chefs éclairés.

Nous avons supposé le personnel de chaque ferme-mère se composant de 120 hommes; admettons, par exemple, que l'on établisse en Algérie autant de villages avec fermes-mères [1] qu'il y a de départements en

[1] Ces villages devraient être placés de façon à pouvoir plus tard devenir des centres.

France, soit 86. Or, 86 fermes-mères, ayant chacune 120 hommes, donneraient un total de 10,320 hommes.

Sur ces 10,320 hommes, il y aurait 602 chefs ou hommes gradés, dont nous laissons à l'État le soin de fixer les appointements.

Resterait donc 9,718 soldats travailleurs qui recevraient chacun une journée de travail s'élevant, comme nous l'avons dit, à 28 centimes, soit environ 100 francs par an, ce qui ferait pour l'État une dépense annuelle de 971,800. Nous rappelons ici que le soldat agricole ne touchera le montant de ses journées de travail qu'à sa sortie du service ; l'intérêt de cet argent resterait donc pendant sept ans à l'État, ce qui diminuerait encore le chiffre des dépenses.

Ce calcul n'est qu'une ébauche destinée à donner un aperçu du nombre d'hommes à employer, des sommes à allouer pour la rétribution des travailleurs.

Si nos idées sont reconnues réalisables et bien conçues, l'État peut facilement et à peu de frais établir une ou deux fermes-mères, un ou deux villages ; alors il se rendra compte des dépenses nécessaires à l'organisation ; et selon le résultat on embrassera l'œuvre ou bien on l'abandonnera complétement.

C'est à l'empereur que nous adressons notre projet, sachant que Sa Majesté trouve le bonheur à faire celui de la France ; nous avons foi dans sa bienveillance, convaincus qu'une œuvre aussi importante pour le bien du peuple Français ne peut être exécutoire et conduite à bonne fin qu'autant que notre souverain y contribuera et l'aidera de ses grandes idées qui tous les jours étonnent le siècle.

TABLE DES MATIÈRES

Pages

Avant-Propos. 7

De l'Algérie. — Son climat, ses productions. . 11

De la nécessité des colons européens en nombre suffisant. 15

Intervention du gouvernement. 23

Fermes-mères. — Leur but. 27

Milice agricole. — Personnel des fermes-mères. . 33

Soldats agricoles. — Leur recrutement. . . . 39

Villages. — Leur construction. 47

Colons. — Leur recrutement. 51

Résumé et conclusion. 57

www.ingramcontent.com/pod-product-compliance
Lightning Source LLC
LaVergne TN
LVHW020048170826
845678LV00001B/477

* 9 7 8 2 3 2 9 6 8 1 1 8 4 *